NOS VIGNOBLES

PARIS — IMPRIMERIES RÉUNIES, C

Rue du Four, 54 bis.

NOS
VIGNOBLES

PRÉSERVÉS

sans frais pour le viticulteur

PAR

P. LAUNETTE

OFFICIER D'INFANTERIE EN RETRAITE

PARIS

G. MASSON, ÉDITEUR

LIBRAIRIE DE L'ACADÉMIE DE MÉDECINE

120, boulevard Saint-Germain

1886

NOS VIGNOBLES

PRÉSERVÉS

SANS FRAIS POUR LE VITICULTEUR

CONSIDÉRATIONS GÉNÉRALES

A propos de la question des traitements divers des maladies de nos vignes, je me suis souvent demandé pourquoi tant d'éminents travailleurs, l'élite de nos savants, les chercheurs infatigables, avaient, jusqu'ici, échoué dans leurs efforts après des succès partiels.

Et je me suis posé cette question :

Qu'est-ce donc que le travail?

J'ai trouvé la réponse dans ces mots :

— C'est la connaissance et l'application de la Loi.

Or, qui oserait dire : je connais, je vais définir toute la Loi ?

La Loi n'est-elle pas le Livre par excellence, expression de l'amour infini, dont la nature visible n'est que le premier feuillet, et que, seules, les suprêmes intelligences déroulent au rythme des sublimes harmonies ?

Aussi, les uns perçoivent à peine les premières lettres, d'autres épellent, et quelques-uns seulement arrivent à lire, pourvus qu'ils sont d'ailes invisibles qui devancent les yeux du corps.

Il faut le reconnaître :

Si Franklin, cet immortel travailleur, a des droits à l'admiration universelle, c'est grâce à sa parfaite connaissance des lois physiques qui régissent notre globe.

Franklin connaissait la puissance de la foudre, ce symbole éclatant de la providence d'un Dieu, cause créatrice, fécondante, mais si terrible en ses effets. Ne pouvant vaincre la foudre, la terrasser, renonçant à lutter avec elle, il s'est appliqué à la diriger et à nous mettre à l'abri de ses coups redoutables.

Voilà sa gloire.

Je conclus qu'ici-bas, on ne fait rien de

grand, d'utile, sans la connaissance des lois physiques. De plus, il faut y joindre une grande observation, car leur application est toujours modificatrice d'un ordre déjà établi : c'est un présent qui, par l'éternel mouvement, enfante un avenir.

Si, par le mouvement, en effet, l'amour de la plus humble fleur arrive jusqu'au seuil des mystérieuses amours, soyons certains que Dieu, par ses messagers physiques, le renvoie se continuer sous une autre forme parmi nous.

Appliquons, créons donc, mais ayons le souci de la direction de nos efforts :

Le présent n'est justifiable, au point de vue de notre liberté, qu'avec la responsabilité de l'avenir.

Or, je viens vous crier, à propos de nos vignes malades : elles le sont, parce que nous sommes soumis à une loi que la science, cette reine grande et puissante, a fait implacablement surgir devant nous ; et, qu'actuellement, nous venons demander au génie humain d'émousser les armes qu'il a lui-même forgées. En un mot, la vigne est malade parce que, de nos efforts vivifiants vers le bien, ressort une loi fatale qu'il fallait prévoir. Elle touche à la

foudre. Nous pouvons encore nous en préserver en la dirigeant : comme Franklin, il faut
renoncer à une lutte directe.

Pourtant, fermant les yeux, nous nous sommes armés en guerre contre le phylloxera.

Sachons-le : si nous prétendons faire la
guerre aux infiniment petits, ils nous terras-
seront impitoyablement : ce sont des géants à
la fois constructeurs et destructeurs de mondes !

Paris est né de leurs débris.

Mais, s'il justifie sa présente splendeur en
préparant son avenir par des travaux plus glorieux encore, souvenons-nous qu'il n'a fallu
rien moins qu'un cataclysme, ce déluge, épouvante des nations, pour former, de ces infimes
débris, les assises précieuses de ses palais.

Tel est le prix que sa pierre a coûté.

Pourquoi, moi, pauvre ignorant, viens-je
vous proposer de sauver nos vignes ?

Parce que, si notre science est puissante et
vraie, elle a été négligente, imprévoyante pour
les petits. Témoin ces bonnes fées de la vigne,
joies de notre table, qui, une à une, nous disent un triste adieu.

Je n'ai qu'une qualité, l'observation aux
yeux vigilants. Quand je vois le progrès se

mouvoir dans le plan providentiel, hors lequel la Loi ne peut exister, je suis heureux, et je dis à la science, ainsi que je l'ai fait à propos de la sardine :

Voilà ce que je vous apporte, humble ouvrier, un peu de sable et quelques pierres : ajoutez-les aux autres. Mais, aussi, lorsque je trouve que, dans vos travaux du présent, votre génie oublie ou compromet l'avenir...

Oh! alors, je suis bien plus que le porteur de sable heureux de sa modeste condition :

Je suis un homme fort, car je prie et je supplie.

C'est à ce titre que, sans façon, je jette un voile sur mon ignorante individualité, pour vous parler du sort de nos vignes.

Le vin, vous le savez, est un symbole de communion. Le malheureux y trouve la gaieté, comme les fortunés de ce monde les hymnes joyeux ; tous, un souffle puissant pour le travail et le patriotisme.

J'avais besoin de dire cela pour que la science sache que je l'aime, et je supplie cette gracieuse souveraine de m'absoudre, si je mets en opposition plusieurs de ses enfants. L'amour du bien m'anime ; et, avant d'aborder cette étude, toute d'observation, je rends hommage à tous les travailleurs de bonne volonté qui ont été préoccupés du même sujet que je traite. Qu'ils me permettent ce travail, fait dans une complète indépendance de tout système, même avec cette pointe humoristique ennemie de toute critique malveillante, car, en parlant de la vigne, on doit rester ce que le vin nous a faits : *francs, autant qu'aimables et bons.*

II

Lorsque les divers peuples, dans le besoin d'échanger leur amour autant que d'unir leurs intérêts, ont fait, des vastes mers, des routes sûres et commodes ;

Lorsque des monstres de fer, portés sur des rails de fer, ont sillonné nos continents, et, de leurs sifflements, ont invité les déserts à se peupler, la face du monde a été changée.

Hourrah ! pour Dieu, en avant !

En avant, oui, mais il ne suffit pas d'appliquer la loi, il faut encore pour l'avenir, l'envisager dans toute son étendue et en accepter toutes les obligations. Il devient évident pour moi, et l'on ne doit l'oublier ni en médecine ni en agriculture, que l'emploi du fer, sur une échelle gigantesque, a modifié d'une façon progressive mais profonde nos conditions climatériques.

Le monde a changé, disent les vieillards : plus d'hivers rigoureux. L'Europe, en particulier la France, semble participer à la saison d'hivernage dévolue à nos colonies.

Oui, hommage au génie de la science, mais que ce haut personnage souffre que je lui reproche de faire la sourde oreille aux représentations des petits. Je l'ai dit déjà : Nous sommes émus, les petits génies de la table s'envolent.

Puisque nous avons voulu dévorer l'espace, qu'il me soit permis de me demander comment on gonfle un ballon.

On remplit d'eau mélangée à l'acide sulfurique des tonnes où l'on dépose de la limaille de fer. Ce fer, avide d'oxygène, pour s'en emparer, se comporte comme le zinc ou le fer à froid en présence de l'acide sulfurique. L'eau étant décomposée, l'oxygène s'unit au fer, et l'hydrogène se dégageant, va, par des conduits, gonfler l'aérostat de ce gaz inflammable et léger qui doit le faire flotter et lui permettre de faire route.

Eh bien, depuis 1845, progressivement d'abord, puis à la surface de tous les continents, aujourd'hui, les rails de chemins de fer, par leurs millions de kilomètres, leurs si nombreux points de concentration, sont d'immenses et puissantes piles (1) de décomposition avides de l'oxygène de la pluie: en un mot, des causes permanentes et avérées de redoutables déversions dans l'atmosphère de ce gaz hydrogène, invisible, brûlant, et sans cesse renouvelé. De plus, le glissement continu des roues sur les rails est une cause de production de calorique rendant l'air plus dilatable.

A-t-on bien considéré l'effet de ces actions énergiques, irrésistibles et modificatrices de nos climats?

Quel mathématicien, au milieu de ses préoccupations vers l'avenir, a mesuré, calculé le volume énorme des forces nouvelles qui se

(1) Y a-t-il là pile proprement dite? En tout cas, il se produit une réaction chimique identique à celle ci-dessus mentionnée à l'aide des éléments suivants : fer des rails, acide sulfurique des traverses mélangé avec l'eau des pluies: donc, production d'hydrogène.

meuvent sans cesse? — Quel physicien a précisé l'importance de leurs phénomènes? — Quel chimiste nous a fait toucher du doigt l'effet de leur irruption croissante, au point de vue des mélanges ou des combinaisons, dans le grand laboratoire de la nature? — Surtout, pour notre sujet, quel météorologiste a songé aux pertes subies par nos populations agricoles, sous l'influence d'une température pouvant bouleverser des modes de culture jusque-là éprouvés?

Voilà des questions qui devaient préoccuper la science, pour elle-même, en même temps que pour nos intérêts.

Je prouverai que la révélation, depuis 1845, de l'oïdium Tuckeri, est le résultat de ce nouvel ordre de choses. Elle date de l'établissement de nos voies ferrées, et les funestes ravages de ce fléau suivent pas à pas leur développement.

Il est bon de soufrer nos vignes, bien que ce ne soit qu'une atténuation d'un mal sans cesse renaissant : il eût été préférable de se préoccuper, en temps et lieu, des conséquences à venir et de s'en garantir. On le peut encore aujourd'hui.

Prenez garde : notre hémisphère, en particulier, ne sera plus bientôt qu'une fournaise ardente, une pile d'une incommensurable puissance, productrice d'effets foudroyants et inattendus.

Nous nous débattons déjà au milieu des maladies de végétaux dont les noms, corollaire obligé, remplissent un funèbre catalogue, en regard de ceux des parasites animés, immondes et affamés qui ont trompé notre science. J'ai la ferme conviction que nous nous sommes égarés jusqu'ici, et qu'en combattant le phylloxera, comme vrai principe du mal, nous faisons fausse route.

Il faut remonter à ce principe du mal. Je le signale, comme cause directe de la première maladie : l'oïdium ; puis, trouver dans les insectes dont on se plaint, non les fauteurs de maladies nouvelles, mais au contraire les abjects ouvriers de la loi dont la mission est d'achever ce qui est frappé ; nettoyer ce qui est sale et obstrué ; en un mot, achever de consumer ce qui brûle dans un but de suprême transformation.

Je chercherai à démontrer qu'après l'oïdium, le phylloxera est un effet obligé, le parasite qui se nourrit aux dépens d'une désorganisation déjà commencée.

L'homme, lui-même, est soumis à cette loi : plusieurs de ses parasites accompagnent ses maladies, jamais ne les devancent. Ils suivent pas à pas leur progression, s'éloignent à la guérison ; ou bien, funèbres ouvriers, accomplissent silencieusement et successivement dans la tombe la loi providentielle de transformation de la matière. Ils naissent pour cela.

Raspail a déjà parlé du flambage atmosphérique, à propos de nos pommes de terre malades. Il me semble qu'il a vu juste. Des mycologistes, de leur côté, ont également attribué le botrytis à des accidents atmosphériques.

Pourquoi n'être pas allés jusqu'au bout ?

J'ai toujours été surpris que Raspail, dénonçant l'électricité comme cause directe de plusieurs maladies de nos végétaux, ne fût pas arrivé à soupçonner que leur parasitisme animé pût être une conséquence directe et fatale de ce premier état.

Ainsi, je présenterai comme un avis personnel résultant d'observations très désinté-

ressées : qu'on s'est abusé, à cause des divergences profondes nées des multiples caractères
sous lesquels nous envisageons nos maladies
de la vigne. Aussi, bien que les recherches aient
été laborieuses, le talent mis en œuvre incon-
testé, aucune solution certaine, que tant de
graves intérêts réclament, n'est encore inter-
venue.

Je retrace, ci-après, dans une scène toute fic-
tive, mais extrêmement fidèle, l'état des esprits
dans le Morbihan, département peu vignoble.
Que peut-il être dans le Centre et le Midi? —
Je résume une partie des efforts tentés et l'état
de découragement des viticulteurs et des cultivateurs, bien qu'ils soient dociles aux conseils et extrêmement reconnaissants de l'in-
térêt qu'on leur a tant de fois témoigné.

LA SCIENCE A LA CAMPAGNE

J'ai longtemps habité Sarzeau, ce beau pays de chasse. On ne dira jamais de lui :

Vous voyez bien cette petite ville assise coquettement sur la colline, et où il semble qu'il serait si doux de vivre ? Eh bien, fuyez-la comme la peste, car les cancans vous en feront déguerpir au bout de six mois.

Là, tout est urbanité et gracieuseté.

Puisse ce souvenir affectueux payer le bonheur et la tranquillité dont j'y ai joui.

Un jour, j'entrai dans une auberge des environs, et j'y fus témoin de la scène suivante :

« Voisin, l'année s'annonce mal ; ma vigne est frappée..., blanche comme du lait, quoi ! Qu'est-ce que ça veut encore bien dire ? Mes oignons, qui étaient droits et verts que c'était un plaisir, sont aujourd'hui tout flétris. Tout de même..., dans une nuit!

— C'est un coup d'air, mon pauvre Mentec. C'est comme mes pommiers : tout le côté qui regarde l'ouest est grillé comme si le feu y avait passé. Je vais en parler dès demain au comice agricole.

— Bah! que voulez-vous qu'il vous dise, le comice agricole? Je sors de chez le président, qui s'arrache les cheveux. Vous savez bien, sa belle plate-bande de tomates contre le mur en entrant. Il fallait voir ça...! rasées, fricassées.

— Dis donc, Kerdelhué, et mes pommes de terre, donc, on ne sait qui est plus noir d'elles ou de la taupe : une vraie désolation. Dire que j'ai fait tant de dépenses, rapport à ce maudit insecte que le comice avait signalé. Il faut croire que si c'est lui qui travaille comme ça nos pommes de terre, l'appétit lui est venu vite à cet animal là... Dans une nuit!

— Voulez-vous m'écouter? dit Mentec. Le comice agricole n'est pas là pour des prunes. Le président, mais c'est censé le médecin des plantes. Qui vient chez M. Guyomard? »

Les voilà partis et je les suis.

Nous entrons.

« Ah! parbleu, ne venez pas encore me cor-
ner aux oreilles, vous autres. Oui, je sais..., le
dernier orage... Eh! j'en tiens aussi pour mes
tomates! Nous avons fait tout ce qui est
possible, et tout le monde est comme nous.

— Pardon, M. Guyomard, il y a une chose
qui me chatouille. Est-ce que ma vigne, qui
est tachée, a...

— Allez vous-en tous au diable. Voyons,
Mentec, vous savez bien que nous avons le
plus grand souci des intérêts viticoles du can-
ton. Avez-vous recépé vos vignes avec le plant
de Nantes?

— Sans doute, malheureusement, il y a trois
ans déjà; et, au lieu de notre bon petit velouté,
nous récoltons un vin qu'il faut se mettre à
quatre pour boire.

— Avez-vous, comme le conseille M. de la
Blanchère, suffisamment engraissé vos terres,
pour réparer l'épuisement causé par le force-
ment de vos récoltes antérieures?

— J'avais commencé, une année, mais vous
savez bien que le comice a donné contre-ordre,
rapport au système de M. H. Marès.

— Eh! oui, c'est vrai. Attendez donc.

Voyons un peu ce que dit le *Bon Jardinier*, page?... ah! 280 :

« *S'il y a peu à attendre des insecticides, à*
» *cause de la difficulté et de la cherté de leur*
» *emploi, il se peut qu'un changement radical*
» *dans le mode de culture de la vigne atteigne*
» *le but désiré.* »

— Hum!...

« *C'est au moins l'opinion de M. H. Marès,*
» *opinion fondée sur une observation atten-*
» *tive. Il est notoire aujourd'hui que les vignes*
» *passées à l'état sauvage, comme celles qu'on*
» *laisse sans culture dans nos cours, où leurs*
» *racines s'enfoncent dans un sol tassé et*
» *durci, ne sont jamais attaquées par le phyl-*
» *loxera, même lorsqu'elles sont à proximité*
» *d'un foyer d'infection.* »

— Ah! bon, bon.

« *M. Marès en tire cette conséquence : que*
» *c'est la culture elle-même appliquée de*
» *temps immémorial aux vignobles; et, en*
» *particulier, l'ameublissement sans cesse*
» *répété du sol qui entretiennent et propagent*
» *l'insecte.* »

— Vous avez déjà lu ça.

— Attendez la suite : « *La conclusion se*

» *lire d'elle-même : il faut renoncer aux an-*
» *ciens procédés, pour se rapprocher des con-*
» *ditions des vignes abandonnées à elles-*
» *mêmes, et que le tassement ou l'endurcis-*
» *sement du sol, ou son gazonnement, mettent*
» *complètement à l'abri du phylloxera. Par*
» *cette méthode... »*

— C'est bien ça, tout à fait ça. Je n'ai plus fumé, plus ameubli; j'ai planté à de grandes distances, et j'ai sarclé seulement au voisinage des souches.

— Et votre vigne est malade?

— Jour de ma vie ! oui, alors.

— Ah çà, reportons-nous un peu à ce que dit M. de la Blanchère. Là... Ravageurs des vergers et des vignes, page 199. Y sommes-nous?

— Allez toujours, M. Guyomard.

« *Mais, récolter beaucoup de fruits, c'est*
» *enlever beaucoup en matières à la vigne, et*
» *en même temps au sol, car ce ne peut être*
» *que là que le végétal puise. Nul ne peut*
» *croire qu'on n'épuise pas un sol en y prenant*
» *toujours, sans jamais y mettre. Or, met-*
» *tait-on dans ce sol des quantités d'engrais*
» *ou d'amendements capables de réparer les*

» *éléments enlevés par la récolte? Voilà la*
» *question.* »

— Alors, il faut donc fumer, maintenant?
Dieu de Dieu!...

— Écoutez bien, mes chers amis : en fin de
compte, je réunirai dimanche le comice agricole, et nous traiterons cette question plus
amplement. Adieu, Mentec, et vous tous.
Soyez exacts. *(Fermant la porte.)* Pauvres
chères tomates!... si belles!...

LE COMICE AGRICOLE

M. le Président. « Messieurs, je vous ai convoqués aujourd'hui afin d'examiner et de discuter les causes des maladies qui viennent de frapper nos végétaux avec une telle instantanéité, qu'on serait tenté d'y voir une communauté d'origine. Voici quatre de nos cultivateurs qui se plaignent le plus des dommages éprouvés, et cela, dans la seule nuit du jeudi au vendredi de la semaine dernière.

» Je fais appel à votre amour du bien et à votre pratique éclairée, pour que nous tirions du mal une expérience nouvelle qui nous prémunisse pour l'avenir.

» Mentec, vous pouvez parler. »

— Dame! Il n'y en a pas long à dire : j'avais

suivi vos instructions lettre par lettre. Pourtant, vendredi matin, en visitant ma vigne, j'ai trouvé les feuilles d'un blanc gris et les bourgeons tachetés. Les feuilles, voyez-vous, c'est un vrai duvet...

— C'est l'oïdium Tuckeri, mon ami; un ou deux soufrages, et il n'y paraîtra plus.

— C'est ce que j'ai fait déjà l'année dernière. Cette année, ça allait mieux avec les arrosages. Vous voyez cependant que ça revient toujours. Et puis, en déracinant un plant plus malade que les autres, j'ai trouvé un tas de petites bêtes jaunes...

UN MEMBRE. Le phylloxera!... Vite, vite, le sulfure de carbone ou de potassium.

LE PRÉSIDENT. Il a du bon, mais je connais un moyen plus efficace pour préserver toute la commune menacée. (*S'animant.*) Arrachez, arrachez tout, Mentec... brûlez vos ceps et semez de la luzerne. Le phylloxera! mais vous allez nous infester, et...

MENTEC. Infester la commune?... mais vous me ruinez. Comment, après tant de sacrifices! Changement de mode de culture, soufrages à plus de quarante francs l'hectare, arrosages, changement de mes plants... Mais ma femme va m'arracher les yeux. Ah! si je l'avais écoutée.

Tous. Eh bien ?

— Eh bien! je n'eusse rien fait du tout, et j'aurais aujourd'hui plus d'argent en poche. Arracher, brûler mes vignes, moi..? jamais!

Le Président. Mentec..., Mentec..., vous êtes injuste et je vous pardonne cependant votre langage.

Remerciez Dieu, au contraire, de vos trois quarts, de vos demi-récoltes. Remerciez aussi, en nous, tous ceux qui ont souffert avec vous, travaillé, veillé pour vous. C'est un fléau qui nous frappe, pauvre ami. Tenez, prenez ce journal tout récent, et apprenez à vous consoler avec plus malheureux que vous-même. A ces fléaux terribles, l'*oïdium* et le *phylloxera*, sont venus s'ajouter un autre ennemi tout aussi redoutable pour la vigne : le *mildew*.

Cinquante-quatre départements, dans le Midi, sont phylloxérés, en tout ou en partie...

430,000 hectares, sur un peu plus de deux millions, sont attaqués.

Le mildew est apparu dans la Dordogne, la Gironde, le Tarn-et-Garonne...

Plaignez les autres, Mentec, plaignez surtout

les autres, dont je vous ai tu, jusqu'ici, les cruelles épreuves pour ne pas augmenter les vôtres.

— Mais, voyons, M. Guyomard, là... Il y a bien quelque bon remède, au bout du compte ?

— D'abord, prenez l'avis de votre femme. Quant à vous, Penvern, je ne puis absolument rien pour vos pommiers grillés.

A vous, Stéphan. Vous désirez nous parler de vos pommes de terre ?

— « Oui, M. Guyomard. Elles sont noires et toutes fanées. Vous nous aviez parlé d'une espèce de maladie de champignons... le ?...

— Le *Botrytis* ou *Pernospora infestans*, Stéphan.

— Bon. Mais est-ce de ça que mes pommes de terre sont malades, ou bien de l'insecte que M. le Maire nous a fait afficher à la mairie et au bureau de tabac ? J'ai fait tout ce qui était dit : brûlé les tiges, l'année dernière, creusé des fossés, enfin, tout. Pas moins, voilà mes pommes de terre perdues. Tout de même... dans une nuit ! »

Le Président. « Mon garçon, il est probable qu'un insecte ne peut, dans une nuit, être la cause d'un tel état de désolation dans votre champ. Ce ne peut être un insecte non plus, qui a noirci et taché mes tomates jusqu'à décomposition.

M. le Secrétaire, lisez-nous, dans le *Bon Jardinier*, les opinions émises relativement à la maladie des pommes de terre. »

LE SECRÉTAIRE. « Maladie des pommes de terre, page 230, édition 1880 :

« *La cause de la maladie des pommes de*
» *terre a été longtemps fort obscure. On a in-*
» *voqué tour à tour la dégénération, la mau-*
» *vaise culture, un terrain fumé, le défaut de*
» *sarclage, comme celui du buttage, les acci-*
» *dents météorologiques, etc.* »

— Eh ! on nous invite à ne plus butter du tout.

— N'interrompez pas, je vous prie.

« ... *Mais, de très nombreuses expériences,*
» *maintes et maintes fois répétées, ont sura-*
» *bondamment démontré que la maladie était*
» *indépendante de ces circonstances. Une opi-*
» *nion qui est aujourd'hui mieux appuyée,*
» *quoiqu'elle ait été longtemps rejetée par les*
» *agriculteurs et les savants, est celle qui rat-*
» *tache la maladie des pommes de terre à l'in-*
» *vasion d'un champignon parasite, le Bo-*

» *trytis, où Pernospora infestans. Les re-*
» *cherches d'un botaniste allemand, M. de*
» *Bary, laissent peu de doutes sur ce point,*
» *et les mycologistes se sont rangés à son*
» *avis.* »

STÉPHAN. Alors, ce n'est point l'insecte?

LE PRÉSIDENT. « Vous le voyez, mon ami,
je ne puis vous en dire plus que les savants;
et M. le Maire, relativement à l'insecte, a obéi
aux ordres du Ministre. Est-ce le *Botrytis*
ou l'insecte? Peut-être tous les deux. »

UN MEMBRE. « Pardon, Monsieur le Président, si ce n'est pas l'insecte, dans le cas qui
nous occupe, c'est tout au moins le *Botrytis.*
Mais, quelle est la raison de sa présence? Je
vois à la loupe, sur les feuilles et les tiges des
pommes de terre de Stéphan, une *mucédinée*
parfaitement caractérisée. Or, cette mucédinée,
le *Botrytis,* étant survenue incontestablement
après l'orage de jeudi, fauteur de tant de dé-
sastres, n'est-il pas raisonnable de trouver en
lui la cause directe de la naissance du *Botrytis?*

Pourtant, entre autres choses, M. le Secrétaire vient de nous dire que les *accidents météorologiques,* auxquels on a cru, *étaient in-*

dépendants de ces circonstances. Il faut s'entendre, pourtant. »

LE PRÉSIDENT. « Les opinions sont très partagées, Messieurs. »

LE SECRÉTAIRE. « Pardon, je n'ai pas achevé : les lignes suivantes attribuent tout le mal à l'épuisement du sol, et parlent du *phosphate fossile* comme moyen de le médicamenter. »

LE PRÉSIDENT. « Sacré fichtre ! »

STÉPHAN. « C'est-il bien possible. Ma foi, ruiné pour ruiné, je lâche tout... »

LE PRÉSIDENT. « Messieurs, courage, courage, vous aussi, Stéphan, Mentec. Les récriminations ne servent à rien. Avons-nous tous fait notre devoir à votre égard ? »

TOUS. « Oui, oui, M. Guyomard, c'est une justice à vous rendre. Mais, on n'a donc encore rien trouvé de sûr?... là... qui ne change plus? »

LE PRÉSIDENT. « Mes amis, tout le monde a fait son devoir. Les divergences profondes que l'on signale témoignent surtout de l'ardeur dans les recherches. Le Gouvernement accueille toutes les initiatives, souffle sur toutes les intelligences, propose des récompenses, encourage tous les efforts.

Le mildew est traité avec succès par le lait de chaux et le sulfate de cuivre; le phylloxera semble restreindre ses ravages par l'application raisonnée des sulfures de carbone et de potassium. M. Faucon, près Avignon, a préservé nos vallées par la submersion. Mais cela ne suffit pas. Réussirons-nous à vaincre le terrible fléau? M. de la Blanchère en doutait, il y a peu de temps encore. Voici ses propres paroles:

« *Nous sommes obligés, non de chanter* » *victoire, mais de constater que depuis dix* » *ans, les chimistes, les naturalistes, les* » *physiologistes, tous les savants de France,* » *en un mot, ont réuni leurs soins et concentré* » *leur savoir sur le terrible ennemi, sans* » *avoir trouvé un remède certain.*

« *Ce remède bienheureux existe-t-il, nous* » *en doutons beaucoup.* »

Ainsi, mes amis, nous sommes encore des moins éprouvés, sachons attendre. »

La séance est levée.

CHAMP DE RECHERCHES

Dans le cours du voyage d'exploration et
de pure observation auquel je me livre en esprit, je rencontre fréquemment des personnes
aimées, notamment : MM. Decaisne et Nau-
din, membres de l'Institut ; MM. Newmann
et Papin, jardiniers-chefs du jardin des Plantes
de Paris, rédacteurs et inspirateurs du *Bon
Jardinier*, auquel j'emprunte souvent des ci-
tations.

Je n'oublie pas que je suis là au milieu
d'une seconde famille qui m'est chère : mon
vieux père était jardinier au Muséum, sous les
ordres de M. Carrière.

En 1870, lors de l'année terrible, j'ai eu
l'insigne honneur, au fort de Bicêtre, ce géant,

fils du Mont-Valérien, de trouver tout le personnel du Muséum transformé en glorieuse phalange, et de monter, avec elle, la garde au poste du patriotisme.

C'est là que j'ai vu le regretté M. Milne-Edwards père, actif ingénieur, malgré son âge, collaborateur et fidèle compagnon de gloire de notre brave amiral Pothuau. Se souviennent-ils de l'adjudant de marine Launette, qui, alors, donnait des leçons de chassepot à M. A. Milne-Edwards fils, et, la nuit, guidait, parmi les traverses, le savant qui tenait les Prussiens à distance sous les gerbes éclatantes du foyer électrique, pendant que, le jour, l'amiral les contenait par son canon ?

Alors, la science servait les armes et en recevait un immortel et glorieux lustre.

Puisse ce bien cher souvenir m'empêcher à tout jamais d'être rangé parmi les contempteurs de la science.

Que, de la discussion et de l'observation des faits, sorte le même *sursùm corda*, à propos d'un péril, au même titre national : alors, nous combattions pour le drapeau et le foyer ; c'est encore aujourd'hui, hélas, la prospérité du foyer qu'il faut défendre contre les attaques d'un ennemi d'autant plus à redouter, que ses attaques sont invisibles.

Soyons hommes, comme alors; ne nous dissimulons plus des dangers qui ne peuvent qu'augmenter et devenir irrémédiables, si nous fermons les yeux à toute évidence.

Ami Mentec, vous qui personnifiez le cultivateur, le viticulteur éprouvé, découragé même, mais dont la foi accepte toujours le combat, venez, veuillez m'accompagner, car c'est vous que je veux convaincre, le premier, de la possibilité de vaincre en préservant. A vous de m'aider à former cette opinion qui doit étayer mes projets.

Écoutez ce que dit le *Bon Jardinier*, page 232, et vous verrez que l'oïdium qui ravage nos vignes et qui, je le suppose, amène fatalement le phylloxera, est une maladie née d'une cause générale commune qui frappe tout sans pitié dans la nature : depuis l'arbre superbe dont l'ombre protége les méditations du savant, jusqu'à la lande stérile où paissent nos troupeaux.

Nous considérons tout en égoïstes, Mentec; nous ne nous occupons que de la vigne et de ce qui rapporte. Or, *après une coupe de lande,* au bord de l'étang de Larmor, près Lorient, j'ai vu le sol, blanc de parasites champignonnés, sur une épaisseur de un demi-millimètre.

Que chacun se souvienne de faits semblables, et la cause directe de l'oïdium ne sera plus douteuse.

Je cite le *Bon Jardinier*, édition 1880, page 232 :

« *L'origine de l'oïdium Tuckeri est encore* » *fort obscure; quelques-uns pensent qu'il a* » *été introduit d'Amérique sur des plants de* » *vignes qui en étaient atteints. Le fait est* » *possible, presque probable; néanmoins, on* » *observe qu'une mucédinée semblable se ren-* » *contre fréquemment sur l'aubépine, le faux* » *ébénier, le sainfoin, le trèfle, la vipérine,* » *l'ortie rouge, etc...* » J'ajouterai qu'elle tue aussi les tomates de M. Guyomard, en même temps qu'elle asphyxie nos vignes, en obstruant ses organes de respiration.

Ainsi vous avez bien entendu et compris, Mentec..? On le rencontre sur le trèfle et l'ortie même !

Tous ces végétaux frappés le sont par ces frères infâmes de l'oïdium. Ils ont donc la même cause d'origine directe ?... J'ajoute que l'on ne vous a pas tout dit encore : il y a des cousins.

Donc, l'oïdium est le fils d'une famille maudite dont les frères sont innombrables. Pour nos végétaux, *ce sont des ennemis cruels dont l'invasion ne peut être contenue sans la connaissance et l'aveu des causes qui les ont amenés.*

A ce propos, constatons, en passant, combien l'homme est peu logique.

Il faut s'entendre une bonne fois.

De deux choses l'une : *ou l'oïdium nous vient d'Amérique, ou non.*

S'il vient d'Amérique, pourquoi nos savants spécialistes nous invitent-ils, à l'envi, à puiser à cette source empoisonnée pour recéper ou renouveler nos vignobles, car :

MM. Laliman, de la Gironde; Gaston-Bazille, Fabre, Pagézy, Jules Leenhardt et Bouschet, de l'Hérault, etc., etc., ouvrirent la route, du Nouveau-Monde en France, aux cépages recommandés par MM. Engelmann, Riley, Fulter, Berckmans, etc., etc.

Ou l'oïdium ne vient pas d'Amérique, et alors, pourquoi lui faire ce procès de tendance?

Or, l'Amérique ne peut être la coupable; sans cela, il faudrait, en même temps qu'on l'accuse d'avoir importé l'oïdium, lui faire le même reproche pour les mucédinées que le *Bon Jardinier* nous montre répandues sur l'aubépine de nos haies, le trèfle de nos champs et l'ortie de nos fossés.

Je ne sache pas qu'ils proviennent d'Amérique.

Soyons justes, même dans nos douleurs.

Allons, Mentec, je vois que le temps nous manquera pour constater les ravages dus, non seulement aux mucédinées, mais à leurs frères, les fondateurs des familles des urédinées, des ustilaginées et autres semis champignonnés. Nous nous bornerons, dans nos promenades, à rechercher si ce n'est pas chez nous-mêmes que le mal est venu nous surprendre; sa cause probable. Nous nous demanderons, ensuite, par quelles mesures promptes, énergiques, nous bannirons à jamais ces familles abhorrées, afin de rendre au sol français les aimables fées de nos vignes qui l'avaient rendu si hospitalier et attrayant pour tous.

II

Pressons le pas. Voilà un nuage, noir d'orage, qui couvre notre beau soleil. Halte! Mentec, laissons cette pluie diluvienne s'échapper de ses flancs.

Maintenant que nous sommes à l'abri, causons.

Quelle est l'origine de la pluie? — Elle est due à deux causes.

Moïse disant que, lors du déluge, « *les cataractes du ciel s'ouvrirent* », ne peut être compris que si on les admet toutes deux.

D'une part, la condensation de la vapeur d'eau amenée par le refroidissement est une cause directe de pluie.

Mais, et c'est là le grand point à envisager :

La combinaison avec l'oxygène de l'air, dans le grand laboratoire atmosphérique, de ce gaz hydrogène brûlant et léger, qui s'élève d'autant plus abondamment que ses causes de production ici-bas sont plus grandes, fournit aussi l'eau qui devient la pluie.

Le déluge n'est pas seulement une noyade

du genre humain, comme on le croit communément :

C'est un cataclysme causé par une rupture d'équilibre électrique, où le calorique a dû jouer le grand rôle qu'il continue encore de nos jours. C'est un feu surgissant dans un chaos indescriptible, dans une fournaise productrice, dans l'air, de cet hydrogène combiné brusquement et par masse. Lorsque la pluie est tombée, lorsque « *les cataractes du ciel se sont ouvertes* », le genre humain brûlé, asphyxié par l'hydrogène de nos mers subitement décomposées en partie par une pile d'une incommensurable puissance, le genre humain, dis-je, n'était plus, hormis les contrées épargnées.

Noyé en partie, oui, peut-être ; brûlé, certainement. Ce sont là des vues qui me sont personnelles.

Telle est, telle sera toujours, en géologie, la cause de discussions passionnées, car le feu et l'eau ont laissé ici-bas, l'un, des traces de soulèvements et de convulsions ; l'autre, par les glissements, les blocs erratiques, les preuves de l'épouvante et de la fuite des mers elles-mêmes.

Eh bien! Mentec, si au lieu du spectacle de cette pluie d'orage, vous aviez eu de la grêle, sa fonte subite, au contact de cette terre surchauffée, vous eût rendu la présence de la vapeur d'eau visible, sous forme de brouillard; cette vapeur ne se dégage pas moins en ce moment. Il faut y ajouter une autre action très importante à considérer.

Jetons les yeux sur cette gare de chemin de fer, aux rails nombreux et entrecroisés, sur ce sol où gisent, épars, ces débris de mâchefer; et, considérons ce qui se passe actuellement.

Partout ce fer flamboie invisiblement et forme avec les traverses une véritable pile aux éléments, sans cesse épuisés, sans cesse renaissants; car cet oxyde de fer produit, s'il est en contact avec un courant d'hydrogène, ramène l'eau par recomposition.

En même temps que je vous parle, cette force décompose l'eau de l'orage dont les parties composantes vont : l'oxygène, au fer, qui se l'approprie pour en faire un oxyde; l'hydrogène, en haut, pour continuer l'éternel échange dont ce monde reçoit la vie.

Mais, cet hydrogène, auparavant, va, chassé

par le vent. envelopper les végétaux de son gaz inflammable, les pénétrer, altérer leurs facultés de respiration et d'assimilation, et les menacer de mort, selon les atteintes qu'ils en recevront, en raison de leur nature intime.

C'est ainsi qu'il va durcir, jaunir et frisotter vos choux et vos salades; faner vos pommes de terre et vos tomates jusqu'à décomposition; brûler et dépouiller la cime des arbres; effeuiller ce laurier et ce cyprès; en un mot, frapper d'asphyxie toute la face qui regarde l'ouest et que cinglent les vents et la pluie.

La terre de vos champs, à la surface, a reçu, en outre, un surcroît de conductibilité par les traces du fer de vos bêches, comme les arbres et arbrisseaux, par le choc de vos haches, le grincement de vos scies, le brusque dégagement de vos serpettes.

Non seulement la terre et les arbres sont électrisés, ils sont aimantés par nos outils.

E. Fernet, page 435 de son traité de physique, nous le démontre, écoutez :

« *Une barre de fer ordinaire placée paral-*
» *lèlement à l'aiguille d'inclinaison de la bous-*

» *sole, peut acquérir un certain degré d'ai-*
» *mantation permanente.*

» *C'est ainsi qu'on s'explique comment la*
» *plupart des outils d'acier qui, par leurs*
» *usages, sont soumis à des frottements ou à*
» *des chocs répétés, donnent toujours des*
» *signes d'aimantation sensible. Ils ont ac-*
» *quis cette aimantation sous l'influence de la*
» *terre dans des conditions semblables à celles*
» *que nous venons d'indiquer.* »

Mais l'hydrogène ne se contente pas de brûler d'une manière invisible à la surface des corps : il *pénètre* les végétaux, et, sous l'influence de la conductibilité électrique, peut les imprégner de principes funestes. *Le bois de la vigne est pénétré par l'oïdium,* on peut s'en asurer avec une simple loupe.

C'est là le principe d'*endosmose.* Nous y reviendrons.

Nous devons à l'un de nos savants aimés, **M. H. de Sainte-Claire Deville,** de très belles expériences de pénétration par endosmose. Elles sont relatées dans nos livres de chimie.

N'oublions pas que, dans la nature, tout brûle, et qu'une action invisible pénètre tout. La pierre même a reçu la vie. Cette vérité devient sensible au souvenir des vibrations harmonieuses de la statue de Memnon !

Allons, Mentec, le temps est revenu beau.

En route, donc : en visitant nos champs, en flânant en observateurs sur nos routes, considérons le rôle du fer dans la culture, à la suite des orages. Demandons-nous s'il est la cause de ces maladies dont nous nous plaignons.

C'est là notre véritable champ de recherches.

Si, comme Franklin, nous reconnaissons que l'électricité est une cause première et permanente, au lieu de chercher à la vaincre, nous nous bornerons à nous mettre à l'abri de ses coups, ainsi que nous l'avons fait, tout à l'heure, pour ne pas recevoir l'orage qui nous menaçait.

En résumé, remarquons dès maintenant :

Que le mildew (1885), le phylloxera (1863), sont venus après l'oïdium ; que l'oïdium (1845) est venu après l'établissement de nos chemins de fer ; que nos chemins de fer ont une action commune avec les orages.

Or, sans hydrogène, le fer n'est plus un danger ; avec l'hydrogène, l'emploi du fer devient funeste.

FER ET ORAGES

AMENANT L'OÏDIUM ET SA FUNESTE PARENTÉ

Plusieurs auteurs ont recommandé de ne jamais traiter rudement l'écorce des arbres, sous prétexte d'hygiène, mais de la brosser et de chauler ensuite. Que diraient-ils s'ils savaient qu'on écorche ceux-ci?

Voici les arbres d'une promenade qu'on remplace. Il y a un an que, constatant que ces centenaires donnaient des signes de décrépitude, on chercha à les rajeunir en les râclant impitoyablement à coups de hache.

Le funeste résultat ne s'est pas fait attendre. Ils ont été foudroyés dans leur majestueuse vieillesse, tandis qu'une simple tranchée, apportant aux radicelles une vie nouvelle, nous eût permis de jouir longtemps encore de leur ombrage.

Ces platanes, Mentec, commencent la route d'Hennebont au delà du pont suspendu, véritable merveille de hardiesse élégante. Tout le côté qui regarde l'ouest est tristement rabougri.

Poursuivons. Nous sommes en pleine campagne.

Voyez, sur les talus de la route, ces nains affreux et difformes qui étalent au grand soleil toutes les plaies de leur profonde misère.

Ces ormes, ces chênes, dont les troncs ont gémi sous les coups répétés de la hache séparant les branches, nous offrent un lamentable exemple des effets de l'aimantation par le fer et de la complicité de l'homme avec les orages.

Approchez, Mentec, expliquez-vous nettement l'impression qu'ils vous causent.

Ici, ce chêne, à demi renversé vers l'est, sous les coups des vents impétueux, sert de boussole au voyageur étonné. Son feuillage, constamment brûlé du côté qui regarde le lieu d'où soufflent les tempêtes, a refusé aux racines correspondantes le bienfait du travail de ses feuilles.

La hache, par ses douloureuses blessures,

l'a condamné à un travail forcé, mais insuffisant pour les cicatriser. En vain le cherche-t-il. Ses racines représentent, sous terre, la fidèle image de sa désolation extérieure.

Voilà pour le côté physiologique.

C'est le fer qui est la cause de ces cavités béantes d'où sortent comme d'incessants gémissements. Avant de se creuser, cet infortuné a pleuré ses maladies avec toutes les larmes de sa sève !...

C'est le fer qui a provoqué ces ulcères.

C'est le fer qui a fait éclater ces écorces.

La foudre tue ou féconde, a dit Raspail.

Aussi, après la mort de plusieurs de ses organes, a-t-il reçu un surcroît de vie dans la douleur. Mais, quelle seconde vie ! — celle du péché en violation de la loi; car, l'homme n'aurait usé ici de sa liberté que pour engager sa responsabilité, s'il avait eu le beau ou la santé pour objectif.

Voici une énorme loupe, aux difformités cryptogamiques, qui bombe aux yeux des passants toute sa dégradante laideur.

Voici, dans ces membres tordus, déformés par la douleur, la véritable image du chaos dans la détresse.

Ces insectes impitoyables, dont les instruments terribles perforent l'aubier ou sucent une sève à moitié tarie, laissent passer sous l'écorce rugueuse et tourmentée leurs têtes grimaçantes. — Ils ressemblent à des ouvriers de mort préparant le néant dans le crime.

Et cependant, l'homme a eu raison :

Il fallait bien faire des fagots !...

Ces arbres ont été électrisés, aimantés par la hache. Ils sont devenus conducteurs à un très haut degré, et ne peuvent, dès lors, rester étrangers à aucun phénomène de combustion électrique. Ils sont, de plus, enveloppés, pénétrés : en effet cet hydrogène quatorze fois et demie plus léger que l'air, est, nous le savons, *un parfait conducteur de la chaleur et de l'électricité.* (L. Troost, page 13.)

La vigne est dans ce cas.

Arbres et vignes ressemblent donc à des édifices surmontés de paratonnerres ; mais, ont-ils cette tige conductrice qui déverse l'électricité dans le sol, *quand elle plonge à souhait dans l'eau ou une couche de charbon ?*

Sans cette dernière condition, si même elle n'est qu'imparfaitement remplie, le danger sera grand pour l'édifice.

Or, vignes et arbres sont en danger, car s'ils sont des paratonnerres dont les tiges invisibles résultent de leur propre conductibilité même, il faut, pour que le danger disparaisse, que leurs racines plongent véritablement dans l'eau du sol.

Honneur donc à M. Faucon, près Avignon, d'avoir appliqué à la vigne, en la submergeant, le procédé sauveur de l'illustre Franklin.

Honneur et hommage à ceux qui ont récompensé ses efforts. La manière dont nos vallées sont préservées ne montre-t-elle pas la nature du péril qui plane sur nos monts et sur nos coteaux?

Cette vigne que vous avez sauvée, Monsieur, était électrisée, aimantée par le frottement aciéré de la serpette. En la submergeant durant un bon mois, vous avez fait deux choses:

1° Vous l'avez soustraite, comme un édifice, aux dangers électriques;

2° Par une submersion prolongée, vous avez diminué, puis fait disparaître toute trace aciérée ancienne qui avait fait des tailles de la vigne autant de foyers d'attraction. Le bienfait eût été doublé si la taille avait précédé

5

la submersion. En effet, la puissance d'une pile quelconque diminue, s'annule, par l'usage de ses éléments non renouvelés.

Cessat causa, cessat effectus. Au bout d'un mois, vous pouviez assécher le sol, toute trace d'aimantation avait disparu, et la vigne, quoique taillée, ne recevait que la part ordinaire de l'oïdium qui se répand sur tous les végétaux : elle était vierge de toute souillure.

Voilà, cher Mentec, la simple et éclatante vérité née d'une judicieuse observation (1).

Puisse-t-elle être prise en sérieuse considération.

Reconnaissons de bonne foi que le moyen de salut de M. Faucon consacre la nature du péril.

Voilà pourquoi M. Marès, proclamant une vérité, n'a pu en tirer tout le parti qu'elle méritait. Je lui dirai :

Monsieur, il est vrai que les lambrusques de nos haies, les vignes sauvages de nos cours ne sont guère malades (presque tous les végétaux reçoivent une légère atteinte), mais, c'est

---

(1) M. Faucon a préservé ses vignes non seulement du phylloxera, *mais aussi de l'oïdium.* Il a donc supprimé la cause de l'oïdium. Comment l'expliquer si mon observation n'est pas juste? Et, si l'on reconnaît un autre principe, pourquoi ne l'avoir pas appliqué à toutes nos vignes?

parce qu'elles ne sont pas soumises à la taille ou qu'elles ne sont pas voisines de taillis récemment coupés. Tout corrobore donc mes vues et justifie la bonté de mon champ de recherches.

Voilà pourquoi aussi M. de la Blanchère, présentant d'excellents principes au sujet de la culture et de la fumure de nos vignes, n'a pu en faire un moyen unique de salut.

Que ces messieurs, enfin, veuillent bien me pardonner si je me suis permis de chercher, dans l'opposition de leurs doctrines, un sujet de nature à expliquer l'anxiété du viticulteur, en face de tant de raisons présentées. Mon but me justifie.

Je m'empresse d'ajouter que la taille n'est pas un danger pour tous les végétaux, loin de là. Des différences notables dans leur constitution, la dureté du bois, etc., surtout les différences de conductibilité du sol, font qu'elle peut être inoffensive, parfois profitable. C'est ainsi qu'elle est une cause de fructification pour les arbres fruitiers, même lorsqu'ils sont légèrement atteints : un peu de souffrance dans le poirier le force fréquemment à produire.

Constatons seulement que, pour la vigne, une taille non exagérée, comme on l'a dit, mais la simple taille de son bois tendre, au milieu d'un air hydrogéné éminemment conductible, est une cause indéniable de maladie.

— Mater! me dit l'ami Mentec, vous parlez comme un livre; mais, vous me torturez. Vous l'avez donc trouvé ce moyen de préservation, vous?

— Dieu m'a fait cette grâce, Mentec.

— Nom d'un bonhomme! Il faudra bien toujours tailler, pourtant...

— Vous continuerez à pratiquer vos modes de taille habituels, et, sans qu'il vous en coûte rien, vous jouirez de leurs bienfaits, car je puis supprimer leurs inconvénients. Patience.

CHEMINS DE FER

PRODUCTEURS DE L'HYDROGÈNE

SES EFFETS

MODIFICATEURS DE NOS CLIMATS

Aujourd'hui, 16 janvier 1886, mes petits pois pointent en pleine terre; mes fraisiers offrent des indices de floraison, et des roses ornent encore les plates-bandes de mon jardin.

Si je consulte la carte **XXI**, traduction Vaneechout, des « *Sailing Directions* » de notre cher et regretté le commandant Maury, je constate que : s'arrêtant à dix degrés de nos côtes, il semble trouver là, pour les vents et la température, une sorte de zone neutre et distincte dans l'Atlantique, parce qu'elle est participante de l'influence des climats de notre vieux continent.

Hélas ! cette zone va sans cesse diminuant, et, bientôt, le développement continu de nos voies ferrées permettra aux vents du Gulf-Stream, non seulement de nous frapper de coups plus redoutables encore, mais de rendre nos hivers totalement pluvieux. A la douceur de la température s'ajouteront de la neige pour les pays intérieure de l'Europe et des brumes persistantes pour tous.

Déjà, les anciens froids secs et rigoureux ont disparu, et les vents du nord-est, fixes par temps de gelée, en hiver, *seulement sur un sol non imprégné d'eau,* ont fait place à ceux de la partie ouest. Je dois cette dernière observation à un capitaine de frégate, M. X., de Lorient, et l'expérience l'a complètement confirmée.

Inutile de rappeler que, sur nos côtes, la pluie tombe avec continuité et que la neige, dans beaucoup de contrées, remplace déjà les fortes gelées.

Sans vouloir trop ajouter aux détails scientifiques que la météorologie peut fournir, je mettrai en avant mes observations, que je déduis dans le simple langage d'un jardinier, comme moi, conversant avec le paysan Mentec.

Je les traduis dans la proposition suivante :

*Concurremment avec l'énorme chaleur dé-
veloppée par le glissement des roues sur les
rails, l'hydrogène produit par l'incessante
pile de nos voies ferrées, en donnant une ten-
sion atmosphérique gazeuse et chaude, est un
appel incessant à un air de densité plus grande;
donc, il établit, l'hiver, un courant atmosphérique inférieur continu de la mer à la terre
d'Europe et constitue la fréquence des tempêtes et un état pluvieux.*

Que dit la science, pour expliquer la pério-
dicité des brises de terre et de mer?

Que : pour les côtes, le sol plus facilement
échauffé que l'eau, donne vite une température supérieure à la mer. L'équilibre, une fois
rompu par la dilatation, c'est l'air de la mer
qui se précipite dans la direction des terres
chaudes.

Vers le soir, le sol se refroidit, au contraire,
en même temps que l'atmosphère. La mer
étant alors plus chaude, c'est un vent de terre
qui soufle vers elle par un courant nettement
accusé.

Si cette loi est vraie, et elle est indiscutable,
par quel miracle, l'hiver, les vents d'ouest,
c'est-à-dire de la mer. viennent-ils si fréquem-

ment régner sur notre continent, dont le sol est
à la température de o degré environ?

Je comprends, à la rigueur, que les tempêtes
du Stream, nées dans des lieux d'active éva-
poration, nous atteignent de leur souffle puissant et continu ; mais, des vents de bonne brise?
— mais des légères brises d'ouest?

Voici ma réponse :

— C'est que si, l'hiver, notre sol est à un
degré presque glacial, il n'en est pas de même
de notre atmosphère, dans sa partie infé-
rieure. Elle est, non seulement chaude, mais
remplie de ce gaz quatorze fois et demie plus
léger que l'air ordinaire; donc, extrêmement
dilatable. Il est impossible que, sans cesse
produit, ce gaz s'étendant, s'élevant sans cesse,
les couches d'air environnantes, puis, celles
de la mer, ne viennent pas apporter un air
plus dense et combler les vides produits par
l'établissement d'un véritable courant com-
pensateur.

Oui, le Stream, avec sa vapeur d'eau, fait,
pour ainsi dire irruption en Europe. C'est une
cause désormais inhérente à notre température d'hiver qu'elle a transformée, et dont
l'apparition de tempêtes, d'orages, d'humidité

constante, est la conséquence forcée. Désormais l'eau de pluie, arrosant sans cesse nos rails, sera l'appel ininterrompu des courants et des agitations de l'atmosphère de l'Atlantique, à laquelle nous participons déjà.

Or, ainsi que nous venons de le constater, c'est dans l'hiver, vers la fin de l'hiver, au moment où le viticulteur défonce le sol à l'aide du fer, aimante sa vigne par le fer, qu'on fait, à la fois, du sol et de la vigne, des conducteurs funestes. Nous-mêmes sommes donc l'auxiliaire fatal des orages et des vents.

Il est donc urgent, il est indispensable de porter remède à cet état de choses; c'est pourquoi je fais appel ici à la bonne volonté de tous, non seulement en France, car la France ne peut rien seule, mais dans tous les pays où la vigne demande secours!

— Mais, comment, comment?

— *Tout simplement en passant au coaltar et les traverses et les parties latérales des rails, la partie supérieure ne s'oxydant guère, par suite du glissement des roues;* désormais, plus d'oxydation, plus de décomposition de l'eau, donc plus d'hydrogène; diminution des orages et des tempêtes faisant de nos vignes de vastes champs d'attraction propres à l'introduction de parasites végétaux, quel qu'en soit le mode de production. L'effet incontestable est au-dessus de toute discussion à cet égard et commande l'action dans ce sens.

Vous pourrez, dès lors, Mentec, bêcher à loisir, et sous les mêmes influences d'un passé à juste titre regretté.

Restent les inconvénients de la taille, dont je vais vous parler tout à l'heure.

— Oui, mais ça coûte..., ça coûte. Et que va dire le Gouvernement? Et les Compagnies de chemins de fer?

— C'est vous, Mentec, le paysan, qui êtes la force et la richesse des nations. C'est vous, avec l'industriel et le commerçant, qui faites, par l'échange, la prospérité des chemins de fer; c'est sur vous que s'appuie tout Gouvernement. Votre sang paie le patriotisme; votre argent compose le revenu; vos suffrages sont la justification de la popularité du savant, car ils consacrent son utilité. Je m'appuie sur vous. Défendez donc vos intérêts, de concert avec moi, et envers tous, en faisant appel à tous.

— Tope là, de tout mon cœur.

DES CAUSES DE L'OIDIUM

MESURES PRÉSERVATRICES

On fait de l'Amérique l'importatrice de l'oïdium. Je vais prouver, par le *Bon Jardinier*, édition 1880, page 4, que ce produit funeste est de tous les pays. Je lis :

« *Aujourd'hui, on rattache à la classe des*
» *champignons les ferments de la bière, du*
» *vin, du vinaigre, etc., ferments sans les-*
» *quels ce liquide ne se formerait pas. Les*
» *spores de ces mucédinées, réunies au genre*
» *mycoderma, sont, partout, répandues à la*
» *surface de la terre.* »

Voilà qui est probant.

L'oïdium est à mes yeux non seulement un symbole de décomposition certaine, non un simple changement d'état, mais une cause de fermentation obligée. C'est avec raison qu'on a qualifié ces semis champignonnés de parasites des végétaux, car ils vivent à leurs dépens.

L'oïdium, ou sa parenté, ne nous semble funeste que quand il blesse nos intérêts, car qui s'est jamais inquiété du morceau de bois qui pourrit dans un coin? On ne s'occupe de sulfater les poteaux ou de les passer à l'eau de savon que lorsque leur peu de durée a démontré ce préservatif nécessaire.

On ne s'occupe pas davantage des mucédinées de la lande, du sainfoin, de l'ortie, jusqu'au jour où la pomme de terre et la vigne étant malades, on songe à sauver nos récoltes compromises.

C'est alors le *Botrytis*, l'*Oïdium* qui en sont la cause. *Mais ils étaient déjà partout, sous des influences moins grandes, il est vrai.*

Le danger de l'oïdium, à mes yeux, réside dans l'effet suspensif du travail des feuilles aux racines et des racines aux feuilles : c'est une obstruction fatale, un engorgement à la fois des voies respiratoires et des systèmes vasculaires et cellulaires qui, d'abord, ralentit, puis supprime toute végétation, tout moyen d'assimilation.

Mais, si ces vues sont justes, on doit trouver l'oïdium à l'intérieur du cep?

— Oui, sans contredit, à l'intérieur des bourgeons et du plant.

Coupez la tige ou un bourgeon quelconque d'une vigne atteinte. Vous verrez, à l'aide d'une loupe, tout son bois imprégné d'une granulation blanchâtre, rendue brillante par le soleil. C'est cet oïdium qui a fermé le temple mystérieux des spongioles, comme celui des feuilles. Plus de sève au plant, car les racines ne fonctionnent pas. Plus de cambium élaboré par les feuilles, car les stomates sont obstruées. C'est la mort, si les causes sont persistantes : c'est un courant interrompu, un cœur qui a cessé de battre.

Cet oïdium semble fixé galvaniquement dans le plant, faire corps avec lui, et pourtant, par fermentation, il est charrié avec la sève qui agit tant que les causes d'obstruction ne sont pas un obstacle.

L'homme vit, par des causes de combustion. Il brûle son oxygène et expulse son acide carbonique. Il meurt asphyxié, comme

la vigne, s'il s'imprègne de principes mor-
bides.

Ne peut-on dire qu'à chaque acide corres-
pond un ferment qui lui est propre?

La taille par le fer aciéré a créé des foyers
nombreux d'attraction. Ne seront-ils pas une
cause à la fois de pénétration et de conductibilité par les plaies?

*Cet hydrogène n'a-t-il pu, après combus-
tion électrique, servir de conducteur à des
germes invisibles, fécondés dans l'atmosphère
même,* et les faire pénétrer, soit par endosmose à travers l'écorce, soit par conductibilité
par les sections aciérées, aimantées, qui sont
les conséquencesde la taille?

Je ne sais; seulement, la cause ne réside pas
dans un simple contact, puisqu'il y a dépòt
sur des objets inanimés. Elle est donc toute
extérieure.

Ce que je sais, c'est que l'oïdium est là : il
est né de l'orage pour la vigne, comme pour
les plus infimes végétaux.

Il faudrait s'aider des travaux d'un Pas-
teur, non seulement pour se prononcer, mais
pour prouver scientifiquement.

Aussi, en faisant hommage de ce livre à

l'Académie des Sciences, j'ai l'honneur de la prier de vouloir bien porter son attention sur la cause que je signale. Sans pouvoir, vu mon ignorance, l'expliquer entièrement, je pressens qu'elle est fertile en déductions.

Je me contente d'offrir la possibilité de préserver la vigne des orages ; c'est à ce résultat que m'a conduit la route que j'ai tracée dans mon champ de recherches.

1° *Par le coaltar, dont les rails et les traverses sont enduits, plus de production exagérée d'hydrogène, donc moins de fréquence dans les orages et retour aux hivers froids et sains;*

2° *En prévenant toute formation de foyers d'attraction dus à la taille,* éloignement d'un surcroît de maladie.

Dans ce but, je préconise l'emploi de la serpette ou du sécateur à lames nickelées, car le nickel n'est pas oxydable, et son magnétisme est insignifiant comparé au fer aciéré.

Je sais que l'usure du métal, provoquée par le besoin d'un tranchant vif, enlèvera des parcelles du nickel. Je pense que le courant galvanique, producteur de l'alliage, aura donné au nickel assez de pénétration dans la lame pour que le frottement vif de la taille ne laisse aucune trace sensible funeste de l'acier.

Au reste, on devra renouveler le nickelage quand besoin sera. Le bienfait sera très grand, ne regardons pas à une très modique dépense.

On peut aussi, dans les terres argileuses, défoncer avec une houe de cuivre ou de bronze, métal qui est de nature à fournir même des outils tranchants.

Je sauve mes salades et mes choux, depuis longues années, en binant avec une serfouette de cuivre. Deux longs clous de navire jumellés et courbés à froid, m'ont donné un instrument préservateur, excellent et de longue durée.

Je recommande également l'abstention de l'emploi de fumiers frais.

En résumé :

Autrefois, on taillait comme aujourd'hui; mais le feu des orages ne trouvait pas cette masse énorme d'hydrogène si disposée à une combustion électrique invisible. En outre, les orages étaient moins fréquents : donc, il n'y avait que très peu d'oïdium déposé sur les feuilles ou imprégnant les tissus.

Que l'on veuille bien considérer comme une preuve irréfragable de la sûreté de mes vues que, d'après nos meilleures statistiques :

Les contrées les plus éprouvées par l'oïdium et le phylloxera sont précisément celles des points de concentration de nos chemins de fer.

Est-ce vrai ?

Il faut donc, par les mesures que je propose, et dont l'effet ne peut être douteux, *si elles sont appliquées d'une manière générale par toutes les nations intéressées, revenir à l'ancien ordre de choses.*

Par le coaltar appliqué sur les rails, nous y parvenons. Par la suppression des dangers d'une taille aciérée, nous le bonifions encore.

Le salut est à ce prix. Il est certain, si les efforts sont unanimes.

Voilà, Mentec, ce que je puis faire pour vous. Êtes-vous convaincu ?

— Embrassez-moi et que Dieu vous entende. Seulement, faites donc comme moi...

— Hein?

— Voilà : lorsqu'il fait beau et que, pourtant je prévois de la pluie, je dis comme ça : — Oh! oh! le soleil est diantrement blanc, pour que ça dure..., et je suis compris dans tout le pays.

— Et il pleut?

— Ça ne rate jamais...

— Bien, bien. Alors venez avec moi au jardin. Je veux révéler à vos yeux étonnés l'oïdium, là où vous ne l'auriez jamais soupçonné. Cette visite vaudra tous les discours.

L'OIDIUM

RÉVÉLÉ PARTOUT A L'OBSERVATEUR

Mentec, il faut cependant que je vous soumette des raisons pour vous persuader, car je ne puis, comme vous, être prophète sur la foi d'effets sans cesse vérifiés; donc, être clair dans le laconisme.

Voyez-vous, mon ami, avant de vous faire voir l'oïdium-cryptogame répandu partout avec profusion, convenons, tout d'abord, d'un principe.

La nature ne crée pas. C'est un facteur qui met tout en œuvre. Il faut toujours remonter à l'esprit souverain ; oui, remonter, sans cesse, jusqu'aux limites de notre raison qui ne nous permet que de pressentir un infini dans lequel se confondent les manifestations d'un Etre innomable.

Quand l'homme sera bien persuadé que rien ne meurt, que tout se transforme; quand il ne verra dans la mort qu'une destruction de la forme, il reconnaîtra que ne pouvant détruire ni créer par lui-même, il ne peut qu'appliquer des lois immuables, même dans leur apparente violation. Pourtant par l'usage de sa liberté, il doit tendre au bien et au beau, car par la loi, il peut vivifier, comme de par la loi il peut amener la destruction de la forme.

Entrons dans mon jardin tout modeste.

L'orage a disparu. Tout nous sourit. Jamais la verdure n'a été plus fraîche : c'est la robe qui pare la fiancée pour le beau jour qui succède à des jours d'épreuves.

Car la nature a aussi ses épreuves.

Ces vignes, ces arbres ont été, en effet, privés de lumière pendant l'orage. C'est en vain que la sève des racines, parvenue jusqu'aux stomates, est venue demander au soleil absent la chaleur de ses rayons pour une transformation nécessaire. La suspension du travail des feuilles explique une transsudation, un certain extravasement des principes aqueux.

Mais aussi, après l'orage, au retour d'une clarté rayonnante, je suis agréablement impressionné par le travail du renouveau : tout est splendeur verdoyante.

Alors, que dirai-je, si au lieu du spectacle de la vie, je trouve, dans ces conditions, l'acheminement vers la mort?

Voilà une feuille de vigne encore humide et empreinte d'un superflu de sève. Elle va nous servir pour nous faire assister — non à la naissance, à la formation — mais à la révélation de l'odium à l'extérieur du cep.

— Eh ! je l'ai vu trop de fois...

— Non. Ni vous, ni la plupart des viticulteurs. Je n'ai trouvé jusqu'ici qu'un observateur à ce point de vue. M. le vice-président de la Société d'Horticulture de Lorient me disait dernièrement : « *Parfois j'ai vu couler la vigne, et je me suis dit : mais ce n'est pas là uniquement de la sève.* »

Prenez cette loupe. Dites ce que vous suggère votre observation.

—Ah! oui..., l'eau disparaît peu à peu sous l'action du soleil ; elle devient comme visqueuse..., puis... Ah ! il reste comme des fils d'araignée, ou bien un léger duvet grisâtre.

— Mon ami, c'est l'oïdium. Il va obstruer les stomates, priver la feuille de son action assimilatrice, diminuer l'élaboration du cambium, paralyser la descente de la sève, être un obstacle à la formation du liber et faire souffrir les racines.

En effet, les spongioles, comme l'extrémité de nos doigts où le sang ne parviendrait plus, ne peuvent, faute de poussée autant que de principes nutritifs, continuer, après l'assimilation des sels de la terre, ce mouvement ascensionnel, cause d'élongation pour les yeux, et nouveau principe de vie pour les feuilles.

Je vous l'ai déjà dit :

C'est un cœur dont les battements s'affaiblissent ; s'il cesse de battre, toute circulation, toute vie est impossible : la paralysie des feuilles a pour corrélatif obligé la disparition de la sève par la paralysie des racines. De même, chez l'homme, le sang veineux n'étant plus vivifié dans les poumons pour être chassé de nouveau aux extrémités par le cœur en sang artériel, c'est une mort certaine.

Tel est le résultat qui peut être amené par le dépôt fréquemment renouvelé de l'oïdium sur les feuilles.

Que dire, maintenant, de l'engorgement des organes?

Coupez, Mentec, ce bourgeon tout piqueté, tacheté, et qui noircira bientôt. Que voyez-vous? Dirigez la section vers le soleil et regardez bien obliquement. Là, vous y êtes.

— Dame ! Je vois d'abord que ma serpette a noirci le bourgeon comme un fruit tranché. Bon, bon..., je vois des points blancs..., ils augmentent, mais il faut du temps : on dirait, ma foi, de la neige qui fond.

— C'est l'oïdium. Que constatez-vous sur ce géranium ?

— L'oïdium, comme à la vigne.

— Coupez.

— Malade comme la vigne.

— Et sur ce chrysanthème, sur ce chèvre-feuille ?

— L'oïdium, comme à la vigne.

— Coupez, coupez, considérez les organes intérieurs. Coupez encore ce bourgeon de poirier.

— Toujours atteints comme la vigne. Ah çà ! ils sont donc tous malades ?

— Oui, mais la nature de leur constitution, leur vigueur, le plus ou moins de fréquence de la taille rendent le cryptogame plus ou moins dangereux, de même qu'il est plus ou moins abondant.

Tenez, voilà un rosier qui nous semble vert et en bon état de santé, bien qu'avec un peu de blanc sous les feuilles. Les roses nous envoient leur parfum. Cependant j'aperçois, pompant par centaines sur les jeunes pousses, cet infect puceron qui m'a bien l'air d'être là dans un but très intéressé. Que pensez-vous qu'il fasse là, Mentec, puisqu'en si grand nombre il ne désorganise pas les tissus ?

— Oh ! comme il suce, l'animal !

— Ah ! voilà le grand problème. Il suce, oui, mais c'est un ferment charrié avec la sève et dont il est friand. Ce n'est pas le parasite propre à désorganiser uniquement, pas plus que la fourmi, laquelle, cependant, est bien autrement armée. Sans oïdium, pas de fourmi ni de pucerons sur le rosier, car, sans oïdium, pas de prétexte à friandises.

— Vous m'étonnez. Le rosier a donc aussi l'oïdium ?

— Voyez à la commissure formée par la tige et le pétiole, et où l'humidité a été le plus persistante, et constatez un cryptogame. Voyez aussi autour des folioles, parfois à l'ovaire, ces cryptogames, et donnez-leur tel nom que vous voudrez. Voyez surtout cette rose desséchée, c'est une merveille de monstruosités cryptogamiques.

Croyez-vous que l'oïdium nous vienne d'Amérique?

Coupez, maintenant, la tige du rosier, et voyez encore l'oïdium imprégnant les organes internes.

De plus, j'aperçois un de mes pêchers dont les jeunes pousses étiolées accusent l'action funeste de l'orage.

— Halte-là! Oh! comme on nous a lu souvent qu'un puceron causait la galle des feuilles qu'il enroulait, ou bien la fourmi...

— Oui, l'*Aphis Persicæ*, et d'autres encore, ou la fourmi. Eh bien, dites-moi quelles galles ils causent au rosier? Puis, tenez, ami Mentec, ils ne peuvent causer des galles où ils ne sont pas. Il y a autre chose que les galles; ces jeunes pousses, à peine développées, ne sont-elles pas complètement indemnes de pucerons et de fourmis?

Ces insectes ne peuvent être là responsables.

— Ah! ah! Si M. Guyomard était là, il vous dirait que les avis sont partagés. Pour moi, nul doute que de jeunes pousses qui vont, par une élongation prochaine, accuser une maladie de la feuille et du bois, ne soient frappées par l'orage.

— Coupez cette galle, Mentec.

— Eh! sans doute. C'est là aussi l'oïdium. Bien, concluons.

A un dépôt très funeste pour les feuilles s'ajoute, pour la vigne, en particulier, une cause d'obstruction intérieure. En songeant au nombre des orages qui la frappent sans pitié, n'est-on pas en droit de se demander par quel miracle son martyre véritable ne se termine pas toujours par une paralysie ou une prompte asphyxie?

Abrégeons cette visite au jardin par une constatation des plus importantes :

L'oïdium, par rapport aux orages, est-il formé sur le végétal, lui-même, ou bien a-t-il sa formation dans l'atmosphère?

Réponse : — *Son principe de formation réside dans l'atmosphère, car l'oïdium, comme tout autre cryptogame, se dépose sur les objets inanimés.*

Voilà un carré à la terre un peu grasse et que, bien souvent, ma bêche a retourné. Ne nions plus les effets du fer avec les orages. Je veux faire constater la présence du cryptogame — oïdium ou non — sur les pierres de mon jardin, *surtout sur les pierres qui recouvrent les traverses de nos rails.*

— Ah ! par exemple !

— Sur des pierres, oui : non seulement ayant reçu l'oïdium extérieurement, mais pénétrées, portant, en un mot, l'empreinte énergique, ineffaçable du fléau. Après cela, on n'aura plus raison de douter.

Ramassez ce débris de verre, Mentec, et observez au soleil.

— Allons..., oui..., c'est vrai ! Voilà bien mon duvet et mes toiles d'araignées. Le verre est tout piqueté comme si, étant humide, il avait servi de plaque au photographe. Il n'y a pas..., voilà une terre elle-même tout imprégnée de cryptogames. Ça y est aussi sur ces pierrettes. Allons, assez..., je ne doute plus !...

Alors, sortons.

Un dernier coup d'œil, Mentec, sur la pile de bois du voisin. C'est un employé de la gare qui achète les anciennes traverses des rails, mises au rebut, pour s'en faire du bois de chauffage. Ne pourriez-vous aussi constater là des cryptogames, par hasard?

— Mais, extérieurement, ce n'est que cela. On voit que ce bois a furieusement travaillé.

— Il représente une pile ruinée.

— C'est du fameux chêne pourtant, du chêne de fossé noueux et dur!... Quand on pense que du bois comme ça, plongé complètement dans l'eau, comme nos bois de la marine, ne verrait pas sa fin.

— Combien pensez-vous qu'il fasse d'années d'acquit sur les lignes, Mentec?

— Dame! trente..., quarante..., cinquante ans.

— Ami, le chêne de fossé, en moyenne, dure douze années dans le sable et un peu plus de la moitié, soit sept ou huit ans en pierres cassées sur les voies ferrées. Mettons quinze ans, au plus, dans le sable. Que dire du sapin ou du hêtre dans de semblables conditions?

— Allons, je vois que l'administration des chemins de fer dépense beaucoup en bois de traverses. Hélas! l'intérieur est tout champignonné. Est-ce que, par hasard, il serait malade de l'oïdium, lui aussi ?

— Plus que vous ne pensez, et pour les mêmes causes, auxquelles s'ajoutent les inconvénients de sa liaison intime avec les rails. *L'acide sulfurique qu'il contient, mélangé à l'eau des pluies, en fait une pile énergique; aussi les traverses durent-elles très peu de temps.*

Que notre étude sur l'oïdium se termine ici, Mentec. Permettez-moi d'ajouter, aux impressions qu'elle est de nature à faire naître, une comparaison d'état des plus probantes.

Lorsque, d'après la Genèse, Dieu créa le monde en six jours, ou plutôt six époques — ainsi qu'il est parfaitement loisible de le dire — il consacra son œuvre dans une loi de mouvement qui la continue.

En effet, le repos du septième jour ne peut se comprendre si Dieu ne réside pas toujours dans sa création, s'il est en un mot *absent*.

Remarquons que le premier végétal est l'humble lichen, la mousse, la fougère, le cryptogame, et que son apparition, après la séparation des eaux sur cette terre, coïncide précisément, aux premiers âges, avec ce chaos apparent magnétique, créateur de l'ordre des choses actuelles qui se continue et fait, selon la belle phrase de Louis Figuier, de notre globe : « Un grain que le divin semeur a » jeté dans l'espace pour croître, fleurir et » fructifier. »

Pourquoi donc, en trouvant dans la loi un moyen d'abréger les distances, avons-nous été imprévoyants?

Par notre faute, nous renouvelons, en petit, ces époques de créations cryptogamiques en faisant de notre atmosphère le réceptacle d'orages sans cesse renouvelés, un centre électrique toujours fécondant mais funeste.

Le but de cette étude est de rentrer, par une sage application de notre liberté, par une plus exacte connaissance de la loi, dans les conditions de tendance du mieux au bien, afin que les espèces se perfectionnent; que l'homme, lui-même, le regard toujours fixé en haut, parcoure les temps avec une constitution plus robuste, des formes plus agréables.

L'homme est un vase d'élection dont la noblesse de forme doit toujours laisser soupçonner le parfum qu'il renferme.

FUNÈBRES OUVRIERS!

Sans oïdium, pas de phylloxera, ni de mildew : telle est la thèse que je soutiens ici, et qui fait de mes moyens de préservation contre l'oïdium un gage de parfaite sécurité pour l'avenir.

Le phylloxera est certainement le résultat de la maladie de l'oïdium. Il n'est pas la cause d'une maladie distincte, et je nie le danger de cette dernière, car elle est née de nos terreurs légitimes, autant que d'effets apparents.

Mais, me répondra-t-on, venez donc considérer les ravages du phylloxera : ces plants noirs et desséchés d'où la sève s'est retirée; ces parasites armés d'une trompe redoutable suçant, par milliers, une sève bienfaisante

— Pure erreur d'appréciation. — Plants noirs, oui, mais tachetés de noir par l'oïdium; desséchés, oui, mais de par l'oïdium, car vous oubliez d'y joindre les effets caractéristiques de l'oïdium.

Tranchez ce cep, mort, d'après vous, par le phylloxera. Il porte cependant des marques distinctes, ineffaçables de l'oïdium. Je ne nie pas l'action du phylloxera sur les racines ou les feuilles, je nie une action fatale, isolée, amenant par elle seule la mort du cep. Je repousse cette action considérée comme cause directe d'une maladie *spéciale*, pouvant conduire d'une manière particulière la vigne à sa ruine, si l'oïdium n'est pas venu, là, comme préparateur d'un état funeste, parfois irrémédiablement funeste à lui seul.

En un mot :

Montrez-moi un cep mort du phylloxera, un seul, exempt d'oïdium, et j'abandonne ma thèse.

Par l'examen attentif de ses systèmes vasculaire et cellulaire fait à la loupe sur la section amenée par le coup de serpette que vous donnerez à un cep ou bourgeon mort du phylloxera, fatalement vous trouverez cette granulation pulvérulente, faisant partie du plant, encore brillante au soleil : c'est l'effet de l'oïdium.

Je nie que le phylloxera soit l'auteur du desséchement de la vigne.

Je nie que le phylloxera, en suçant les radicelles et spongioles, fasse courir le moindre danger à la vigne, car il n'est plus temps de parer à un danger manifestement survenu antérieurement. Cet insecte se nourrit aux dépens de la sève, oui, mais d'une sève décomposée déjà.

Quels seraient donc les ravages du phylloxera?

Je les nie, à tous les points de vue d'une maladie spéciale.

Je vais plus loin, et j'aborde carrément la difficulté de trouver en lui un facteur de maladie particulière, par la proposition suivante.

Elle a une importance capitale :

Je propose d'isoler des plants de vignes vigoureux et sains, et de répandre sur eux, à profusion et par milliers, des phylloxeras. Pour éviter le danger de la peur pour le voisinage, surmontons d'un grillage galvanisé le clos dans sa partie supérieure couverte d'une transparente étamine blanche, aux croisures très larges. Jamais, dans ma profonde conviction, ces vignes non taillées ne donneront prise au phylloxera et n'en souffriront de dommage. Par exemple, je réclame, comme preuve contre ma proposition, les phylloxeras fixés aux racines.

En contraste avec cette expérience décisive, qu'on veuille bien faire les suivantes, à la portée de tous.

Allons chez l'épicier du coin qui vend des raisins secs de rebut pour les enfants sages, et augmente nos joies de famille par l'introduction dans nos pâtisseries ou les plum-puddings, de ces grains que recherchent les gourmets.

— Un sou de raisins secs, s'il vous plaît?

— J'emporte mes raisins et je m'arme de ma loupe. Que vois-je? Bon nombre de parasites attirés évidemment par l'oïdium des grains. Je constate, non pas le phylloxera, peut-être, mais un cousin éclos, au même titre que lui, *après dessèchement des raisins dans un four.*

L'épicier n'est pas responsable de nos maladies, c'est vrai. Je me demande seulement si l'insecte a profité de la maladie ou s'il l'a causée. — Or, il n'était pas né.

Allons au jardin.

Déracinons ces tomates qui noircissent, et dont les feuilles, tristement flétries, témoignent du dernier et récent orage. Je constate aux racines la présence d'œufs nombreux de parasites : l'insecte n'est pas né.

Arrachons cet oignon presqu'à maturité. Le cylindre de ses feuilles s'est aplati. Ces dernières sont jaunâtres. Il est malade, ce que je constate, surtout, par le peu d'adhérence de ses racines au sol. Je prends ma loupe. Un premier coup d'œil me fait reculer de surprise.

Tout autour des racines, et artistement groupées dans leur chevelu, des agglomérations d'œufs noirs, livides, témoignent, par leur présence, des moyens dont la Providence va se servir pour absorber cette sève de l'oignon qui coule, blafarde et décomposée.

Et l'insecte n'est pas né.

Cet oignon, revêtu de la mucédinée de l'orage, est-ce un insecte qui a décomposé sa chair blanche, acide et ruisselante ?

— Non, évidemment, mais peut-être ses parents, par succion ?

— Effectivement, ces œufs sont dus à une ponte ; mais les parents, eux aussi, sont indemnes. Cette sève est décomposée, non absente. Lorsqu'arrivera l'heure propice de la désorganisation, elle coïncidera avec la naissance des infiniment petits : c'est alors que vous verrez à l'œuvre tous ces funèbres ouvriers, et qu'une étude attentive vous découvrira une sagesse très grande entre la conformation de leurs organes, le genre de vie qu'ils doivent recevoir de la plante malade, et leur rôle.

Ce sont surtout des déblayeurs.

Autre observation :

En me promenant dans le jardin d'un membre de cette Société d'horticulture de Lorient, où l'on travaille, où l'on est uni dans le même esprit de sages observations, je remarquai un fait que tout le monde, encore pourra vérifier :

Parmi des poires de William, grosses comme des groseilles, j'aperçus des fruits, doubles de volume, espérance plus grande pour la récolte prochaine.

— Tenez, me dit mon interlocuteur en coupant l'une d'elles, les grosses ont, toutes, un ver.

J'emportai quelques-uns de ces fruits et je trouvai, dans beaucoup, un ver cantonné dans sa galerie restreinte et nettement tracée.

— Mais, quelle était la cause de cette grosseur anormale et de ce dépérissement ?

Était-elle le résultat de la piqûre du ver? Après des examens répétés, je trouvai l'insecte absent dans beaucoup de fruits, et, pourtant, une parfaite analogie dans l'état de tous.

Avec ma loupe je constatai facilement une sorte de mucédinée introduite du côté opposé au pédoncule. Ce genre d'oïdium de la poire garnissant les folioles calicinales anciennes, après la transformation de la fleur, avait gâté les pépins, revêtu le tissu vasculaire servant d'alvéole à la graine. Cette mucédinée, quelquefois filamenteuse, avait ensuite envahi tout le tissu cellulaire, l'avait grossi jusqu'au pédoncule et rendu sec, dur, et d'un farineux brillant. Le fruit, dès lors frappé, durci, avait perdu tout principe d'assimilation d'acide, avait jauni, puis était tombé.

Était-ce le ver, encore absent dans un grand nombre, qui était la cause de ce dépérisse-mement des fruits? — Non, sans contredit. Constatons seulement que le ver avait été prompt à la curée.

Voilà, mon cher Mentec, le fruit d'obser-vations consciencieuses et sans cesse répétées. Renouvelez-les chez vous, aussi.

Je ne nie pas qu'en physiologie végétale, l'invasion d'insectes parasites ne soit une cause de maladies, pas plus, qu'en patho-logie, on ne puisse trouver cette vérité. Mais, il y a une sorte de réciproque, qu'on peut for-muler ainsi :

Les végétaux ont des maladies dont pro-fitent les insectes, si même, parfois, elles ne les amènent pas directement. En médecine, mainte maladie cutanée provoque leur appa-rition.

Or, je crois sincèrement que la présence du phylloxera est due à une maladie antérieure de la vigne, l'oïdium.

On a vu, dans le sable, un obstacle à la propagation de l'insecte; mais, il n'y a pas que les *aptères*, les femelles ailées ne vont-elles pas pondre assez loin sur les parties aériennes de la vigne? J'y vois, quant à moi, un obstacle à la conductibilité du sol.

Je ne pense pas me tromper en disant que, pour cette cause, les terrains siliceux et calcaires sont moins visités par l'oïdium et le phylloxera. Sans doute, les pieds d'arbres ne communiquent pas électriquement, comme dans les terrains argileux, par exemple.

Malheur aux terrains argileux et humides !

Malheur, aussi, aux terrains qu'a chantés Pierre Dupont, où :

> « Le terrain, en pierres à fusil
> Résonne et *fait feu sous l'outil.* »

Rappelons-nous que certaines argiles, à la cuisson, décèlent, par la fonte d'un vernis rougeâtre, la part de fer qu'elles contiennent.

Donc, les terrains argileux, toujours un peu ferrugineux, sont, par la correspondance électrique favorisée par la nature du sol, de vastes foyers d'infection pour l'oïdium : par contre, pour le phylloxera.

Deux mots sur le mildew :

Je pense que ce changement d'insecte résulte d'un changement d'acide combiné avec les mêmes causes. N'y aurait-il pas de différence dans l'oïdium des vignes françaises greffées sur des sujets porte-greffes américains avec l'oïdium des vignes françaises ? Notre oïdium est-il bien l'*érisyphe nicator* de l'Amérique du Nord ?

Baltet, cet auteur savant, clair et précis, qu'on aime tant à lire, nous apprend qu'on a projeté le rapprochement des *Vitis* et des *Cissus,* de la famille des *Ampélidées,* famille qui comprend les *Ampélopsides* et les vignes.

La différence constatée dans la mucédinée mettrait donc sur la voie de la provenance du mildew et justifierait les noms divers de l'oïdium par rapport aux autres végétaux.

A familles, à espèces différentes, insectes différents ; je dirai : acides différents, parasites non semblables.

C'est ce que l'on peut soupçonner, en lisant les lignes suivantes des *Ravageurs des vignes,* de M. de la Blanchère, page 244 :

« *Les deux phylloxeras du chêne blanc et*
» *du chêne vert ne touchent pas à la vigne, de*
» *même que le rastatrix ne s'occupe pas des*
» *chênes qui peuvent peupler les haies des*
» *vignobles qu'ils dévastent.*

» *Il paraît en être de la petite famille des*
» *phylloxeras, comme de la grande des puce-*

» *rons :* CHAQUE ESPÈCE SEMBLE ATTACHÉE AU
» VÉGÉTAL SUR LEQUEL ELLE VIT. »

Ces paroles me semblent remarquables.

Aussi pensé-je que le mildew n'attaquera pas nos plants purement français. Mais, alors, le mildew résulterait donc de nos greffes françaises sur porte-greffes américains. J'appelle la sérieuse attention des viticulteurs à cet égard.

Pour moi, je conclus de nouveau :

Sans oïdium, pas de phylloxera.

Il est des natures de bois qui, par leur dureté, semblent complètement rebelles à l'endosmose et offrent, par conductibilité de pénétration, des obstacles presque insurmontables.

Ainsi le laurier, symbole de gloire et d'incorruptibilité, est dans ce cas ; aussi, ses feuilles brûlées tombent-elles violemment. Le chêne n'est pas seulement le géant des siècles, pour la durée : il est aussi le géant fièrement charpenté qui tombe, seulement foudroyé, et dont la dureté est très grande.

Je me fais un devoir de soumettre à l'examen de l'Académie des Sciences un fragment de branche coupé récemment sur le vieux chêne dont je me suis plu, ci-dessus, à dépeindre le lamentable état.

Cette branche, frappée par la cognée, dans un temps de pleine sève, est une création monstrueuse. Elle est un véritable composé de cryptogames. Son étude sera des plus intéressantes au point de vue des causes de l'oïdium.

Évidemment, nous tenons un langage illogique à propos des phylloxeras des deux pays : France et Amérique.

Ici, il pullule sur les racines où il aspire la sève par une succion énergique :

Là-bas, les racines sont complètement indemnes de ce fléau, d'après nous, cause énergique de dépérissement, de desséchement.

Ici, la galle des feuilles est presqu'inconnue;

Là-bas, c'est la galle qui décèle le mode d'action de l'insecte.

Je vois là une lacune évidente par suite de défaut d'harmonie dans les rapports d'effets à causes signalés.

La loi ne crée par les organes semblables pour des actions si différentes.

Au reste, ma thèse ne souffre aucunement de la similitude ou de la différence des deux phylloxeras. C'est toujours le même déblayeur, soit des racines, soit des feuilles.

Dans mon opinion, la robusticité du plant américain entretient la correspondance des deux sèves montante et descendante. Il y a donc, à un plus haut degré que chez nous, obstacle à une décomposition de sève, car le liber se forme par l'élaboration des feuilles garantes d'un accroissement de racines. C'est dans cet ordre d'idées qu'il faut considérer le bienfait de l'emploi du sulfure de potassium. A coup sûr, s'il ne tue pas l'insecte à travers les méandres de racines profondément enfoncées dans le sol, il enrichit la vigne de principes vivifiants, conservateurs du double rôle des feuilles et des racines. C'est peut-être l'accroissement de celles-ci qui permet une récolte par surcroit de vigueur. *La victoire sur l'insecte ne serait qu'apparente, car les insecticides, employés seuls, n'ont donné aucun résultat exclusivement probant.*

N'a-t-on pas avoué, du reste, que le sulfure de potassium restituait au cep des alcalis?

— Il était donc malade antérieurement.

— A coup sûr il avait été visité par l'oïdium.

ADRESSE

A *Messieurs les Actionnaires;*

A *Messieurs les Directeurs;*

A *Messieurs les Présidents et les Membres des Conseils d'administration de tous les chemins de fer de l'Europe et de l'Amérique.*

Messieurs,

En conséquence des raisons ci-dessus exposées,

J'ai l'honneur de vous prier de vouloir bien, dans une pensée commune de générale et haute utilité, donner les ordres nécessaires pour que toutes les parties des rails en service soient passées au *coaltar*, à l'exception des points où peuvent se produire les frottements des roues. La même mesure devra être appliquée aux traverses, lors de leur remplacement.

Cette dépense, très grande pour les Compagnies, bien que justifiée par un besoin général et les bienfaits qu'on en peut attendre, doit être largement compensée par la bonification que cette mesure amènera, au point de vue de la durée des traverses.

Actuellement, leur prompte mise au rebut après une durée maximum de dix ou douze années, pour le chêne, par exemple, est une source de frais extrêmement considérables.

Je me fais fort de prouver, par l'étude des causes amenant leur réforme, qu'il est possible d'espérer que le coaltar passé sur les rails et sur les traverses, non seulement doublera, mais triplera le temps d'un bon service pour celles-ci, par suite d'une bien plus grande conservation, le bois n'étant plus imbibé.

Pourrait-on espérer ce résultat par l'emploi du sulfate de cuivre? Je n'ose me prononcer tout à fait; toutefois je crains que si, d'une part, il empêche toute production d'hydrogène et soit excellent au point de vue de ma thèse, puisque, comme dans une pile Daniell l'hydrogène dégagé par le fer et l'acide sulfurique des traverses se combinera avec l'oxygène du cuivre et amènera la recomposition de l'eau ; d'autre part, la réaction chimique sera la ruine du bois, par suite de la consommation des acides non renouvelés qu'il renferme.

La ruine déplorable des traverses supportant les rails a différentes causes. Elle doit d'abord être considérée au point de vue de leur position, soit dans le sable, soit dans un terrain en pierres cassées.

Le sable, là comme dans les vignes, est surtout un obstacle à la conductibilité par surface et dans le sol. Il est une raison de prompt assèchement. En outre, par l'isolement de matières siliceuses, un empêchement très grand au dépôt, après combustion hydrogénée dans l'atmosphère, des germes cryptogamiques qui peuvent aussi, par endosmose, pénétrer profondément le bois et hâter une décomposition amenée par les réactions dont il est le siège.

Aussi, l'expérience a-t-elle démontré que la

durée des traverses dans le sable était près du double de celles de terrains en pierres cassées, en raison du contact plus direct de celles-ci avec l'atmosphère.

Une cause permanente de dégradation qu'on ne pourra jamais supprimer et qui se rattache aux autres, consiste dans l'union intime des rails et des traverses. Au passage des trains, la somme de chaleur produite sur les rails passe immédiatement dans les traverses, et il arrive ceci :

1° Ou l'air extérieur est chaud, et alors il n'y a pas grand mal, puisqu'à une dilatation s'ajoute une autre dilatation;

2° Ou il pleut, il neige, il glace.

S'il fait froid, la différence subite de température oppose, à une dilatation momentanée, une contraction regrettable, puisqu'elle est une cause d'éclatement pour le bois dans ses parties noueuses et gelivées.

Serait-ce, pour les traverses en pierres cassées, un plus facile contact avec l'atmosphère qui pourrait seul expliquer leur mise au rebut, même pour le meilleur chêne de fossé, après sept ou huit années ?

Évidemment non, car le même bois aurait

une durée infiniment plus grande s'il restait exposé à l'air libre et, dès lors, soumis à toutes les intempéries des saisons. La fatigue qu'il supporte, bien que naturellement appréciable, est un facteur trop faible aussi.

La suprême raison est que les pierres qui recouvrent les traverses ont été brisées par un marteau aciéré qui a laissé là de nombreuses traces de métal. Elles créent un puissant foyer d'attraction. Surtout, elles ont favorisé la pénétration de l'eau.

Aussi. en temps d'orage, lorsque la somme de chaleur développée par le glissement des roues s'associe à l'hydrogène produit et forme un courant continu, dans le sens de la marche du train, ce sont les traverses en pierres cassées qui reçoivent la plus forte atteinte : le dépôt cryptogamique ne trouve pas d'obstacle sérieux à travers les interstices des pierres et explique l'action funeste de l'eau dont le mélange avec l'acide du bois a donné une somme de réaction chimique plus grande.

La comparaison attentive des deux sortes de traverses posées en sable et pierres, démontrera que ces dernières sont dans un état de décomposition plus avancé.

Il est certain qu'une fatigue excessive provoque des fentes, des éclatements ; mais il faut constater qu'il y a *effritement,* c'est-à-dire ruine du bois, par une réaction qui a détruit, surtout aux déchirures, toute affinité de cohésion.

Le bois abattu n'est pas seulement du carbone solidifié. Il conserve des principes qui forment la liaison de ses parties. Ce sont les principes acidiques.

Or, le cryptogame-ferment constate la consommation de celles-ci ; de sorte que les composés cellulaires du bois disparaissant, il ne reste que le système fibreux dont les mailles servent de logement à une fâcheuse humidité. Dans tous les cas, toutes les traverses devraient être passées au coaltar ou au sulfate de cuivre.

Si le coaltarage des rails et des traverses est un obstacle à une production d'hydrogène — et il n'est pas permis d'en douter — notre atmosphère ne sera plus le siège de phénomènes électriques ni d'orages aussi fréquents. En un mot, par défaut de prévoyance nous ne reviendrons pas d'une façon moins puissante, il est vrai, à ces premiers âges du monde où, après

le retrait des mers, un état magnétique redoutable créait, sous la parole divine, le premier
végétal connu : le lichen, la mousse, le premier
cryptogame, en un mot, qu'on retrouve
jusque dans la houille qui donne la vie à nos
locomotives !

CONCLUSION

Cette étude, esquissée à grands traits, devrait se terminer ici.

Pourtant je sens qu'il est urgent de répondre à des critiques formulées avant l'apparition de l'ouvrage.

« Vous vous faites illusion, m'a-t-on dit.
» Le fer à froid ne décompose pas l'eau, et
» les rails ne sont pas producteurs du moin-
» dre atome d'hydrogène. »

S'il en était ainsi, j'aurais perdu mon temps et le fruit de dix années d'observations.

Si nos rails de chemins de fer, reliés aux traverses, ne forment pas pile, ou, tout au moins, ne sont pas le siège de puissantes réactions chimiques semblables à celles que l'on constate dans la production de l'hydrogène pour les ballons ;

Si réellement l'eau des pluies n'est pas décomposée et ne laisse pas échapper l'hydrogène, je l'avoue, mon travail n'a pas de sanction.

Il devient donc urgent d'examiner cette question.

Pour la résoudre, il ne faut pas considérer les rails ni les traverses isolément. Avant même d'envisager leur commune action, faisons au préalable un peu de physiologie végétale.

Ce chêne, ce hêtre, grossièrement équarri, qui gît actuellement sur le sol, recouvert d'une couche de sable ou de pierres cassées, faisait le superbe ornement de nos routes.

Demandons-nous sous quelle influence il a formé son tronc robuste, et quelles substances ont solidifié ses branches noueuses.

Je fais appel à Du Breuil, qui a guidé mes premiers pas dans le jardinage. Il me répond, page 25 de sa cinquième édition, 1861 :

« Dans la terre, les racines puisent l'eau, » les substances minérales ou salines et les

» substances organiques fournies par les en-
» grais; substances qui consistent en des
» composés riches en carbone et en azote. De
» leur côté, les feuilles absorbent, dans l'at-
» mosphère qui les baigne de toutes parts, *le*
» *gaz acide carbonique*, *l'ammoniaque*, *l'hy-*
» *drogène sulfuré*, qui fournissent aux tissus
» la plus grande partie du charbon, de l'azote
» et du *soufre* qu'on rencontre dans leur cons-
» titution intime. »

Voilà ce qu'on ne doit pas perdre de vue pour être autorisé à trouver dans le bois, même abattu, parmi les acides divers, *l'acide sulfurique, dont le mélange avec l'eau de la pluie, en présence du fer, amènera une réaction chimique absolument semblable à celle qui se produit dans les tonnes où l'on dépose de la limaille de fer avec de l'eau mélangée à de l'acide sulfurique. Ici comme là il y aura décomposition de l'eau, donc dégagement d'hydrogène.*

Ici comme là, il y aura pile, si la science est unanime à reconnaître des éléments de pile dans le mode de production de l'hydro-gène propre au gonflement des ballons;

Ici, comme là, il y aura réaction chimique,

si la science entend qu'il en soit seulement
ainsi.

*Ici, comme là, il y aura le fer décomposant
à froid l'eau de la pluie à l'aide de l'acide
sulfurique.*

Au surplus, mon rôle n'est pas de vouloir
paraître savant. Je me mentirais à moi-même
et je tromperais tout le monde. Sans être
davantage *l'homme habile*, je cesserais d'être
le *vir bonus* qui mérite d'être entendu.

Je me borne à jeter le cri d'alarme en disant :

*Nos chemins de fer sont une source de pro-
duction funeste d'hydrogène qui rend la culture par le fer de plus en plus dangereuse*, et
je cherche à établir et à faire goûter cette utile
vérité.

Un fait est certain, c'est que l'aspect des
traverses mises au rebut provoque immédiatement l'impression très nette d'une pile
ruinée.

D'une part, en effet, si le système fibreux
ou vasculaire du bois subsiste, c'est-à-dire le
carbone, on constate d'autre part l'oblitéra-
tion ou la disparition du système cellulaire.

C'est là une considération très importante,

car nous savons, en physiologie végétale, que, si la sève montante a son parcours par les parties les plus extérieures de l'aubier, la sève descendante, ou *cambium* provenant des acides introduits dans les tissus par les feuilles, sous l'action des rayons solaires, suit, elle, la voie du liber dans sa descente.

Ce sont précisément ces parties, riches en acides, qui ont été le plus visitées par l'eau. Or, elles présentent leurs cellules vides; tout acide a disparu comme les éléments d'une pile, par l'usage. Il n'y a pas seulement effritement, il y a ruine véritable devant amener très promptement aussi la ruine des parties ligneuses ou vasculaires, désormais sans soutien.

Nos traverses, avec leur couleur acidique tantôt jaunâtre ou noirâtre, ressemblent, au bout de six années de service, par endroits, à de la pierre ponce. Partout où l'eau a pu pénétrer et séjourner, une action chimique redoutable se décèle évidemment. Telle est la véritable cause de leur prompt remplacement.

Or, comment arriver à cette suppression désirable des causes de décomposition du bois ayant amené la décomposition de l'eau et une grande production d'hydrogène?

Plusieurs moyens peuvent être employés :

1° En passant les traverses au coaltar, lors de leur mise en place. C'est là un moyen simple et efficace, car le bois étant préservé de toute imbibition, le mélange de l'eau et de l'acide sulfurique ne pourra s'effectuer; il n'y aura pas de réaction chimique, donc, nulle production d'hydrogène.

2° Que serait le résultat de l'emploi du sulfate de cuivre, dont la mise en usage a été excellente dans l'administration des télégraphes pour les poteaux de soutien ?

3° Que produirait la simple application de l'eau de savon, procédé éminemment conservateur du bois ?

Je préconise, quant à moi, le coaltar, car son emploi ne laisse aucun doute pour la préservation du bois et devient un obstacle à l'apparition de l'hydrogène. Quant aux autres, je ne suis pas compétent.

Résumons-nous :

Le bien ne pourra se faire que lentement, puisque le remplacement des traverses ne sera que successif. Profitons de ce temps pour examiner et nous prononcer, afin d'arriver à un accord unanime.

Que tous donc, depuis le vigneron Mentec qui donne ses sueurs, jusqu'au poète qui les chante, le savant qui les rend productives, le Ministre qui les transforme et les répand sur tous pour unir et vivifier;

Que tous, peuples et souverains, connaissant le prix du vin, s'unissent dans une commune et puissante initiative, pour que sa source, au lieu de se tarir, coule à flots plus pressés.

Empêcher les rails de nos chemins de fer de s'oxyder, recommander une taille non aciérée, semble un puéril moyen de changer nos conditions atmosphériques et de sauver nos vignobles.

Le salut, pourtant, est à ce prix!

P. Launette.

Lorient, le 1er mars 1886.

ris. — Imprimeries réunies C — Motteroz.